CONTRIBUTION A L'ÉTUDE

DE LA

THERMOMÉTRIE DANS LE CHOLÉRA

(ÉPIDÉMIE OBSERVÉE A PARIS EN 1873)

PAR

LE Dʳ HENRI GRIPAT

Professeur suppléant à l'École de Médecine d'Angers, Lauréat de cette école,
Ancien interne en médecine et en chirurgie des Hôpitaux de Paris,
Lauréat de la Faculté de Médecine de Paris (Prix Montyon, 1874),
Membre correspondant de la Société Anatomique,
Membre de la Société de Médecine d'Angers.

TRAVAIL COURONNÉ PAR LA FACULTÉ DE MÉDECINE DE PARIS.

ANGERS

E. BARASSÉ, IMPRIMEUR-LIBRAIRE-ÉDITEUR
Rue Saint-Laud, 83.

1876

CONTRIBUTION A L'ÉTUDE

DE LA

THERMOMÉTRIE DANS LE CHOLÉRA

(ÉPIDÉMIE OBSERVÉE A PARIS EN 1873)

PAR

Le D\' Henri GRIPAT

Professeur suppléant à l'École de Médecine d'Angers, Lauréat de cette école,
Ancien interne en médecine et en chirurgie des Hôpitaux de Paris,
Lauréat de la Faculté de Médecine de Paris (Prix Monthyon, 1874),
Membre correspondant de la Société Anatomique,
Membre de la Société de Médecine d'Angers.

———————

TRAVAIL COURONNÉ PAR LA FACULTÉ DE MÉDECINE DE PARIS.

———————

ANGERS

E. BARASSÉ, IMPRIMEUR-LIBRAIRE-ÉDITEUR
Rue Saint-Laud, 83.

1876

Prévoyant et pronostiquant ceux qui
doivent guérir et ceux qui doivent mourir,
il sera exempt de reproches.

(HIPPOCRATE.)

Pendant l'année 1873, une courte épidémie de choléra sévit
à Paris pendant les mois de septembre et d'octobre. Je n'ai pas
l'intention de raconter toute son histoire; il serait, je crois,
banal de répéter ce que tant d'autres ont déjà dit. Mais, comme
j'étais alors, dans un des principaux hôpitaux de Paris, l'interne
du service (Hôtel-Dieu, service de M. le Dr Hérard) où furent
placés tous les hommes atteints du choléra qui entrèrent dans
l'établissement, j'ai pu suivre quarante-six cas de cette maladie
et en recueillir toutes les observations détaillées. C'est seulement
de cette collection de matériaux personnels que je veux tirer
parti.

Les malades étaient visités au moins trois fois par jour, souvent quatre ou cinq fois; j'ai donc pu assister aux diverses évolutions du mal. Les notes que j'ai recueillies avec des détails
minutieux présenteraient ensemble la plus grande monotonie;
aussi n'ai-je pas cru devoir les donner *in extenso*. Mais, comme
j'ai pris au moins deux et souvent trois fois par jour la température rectale et axillaire de quarante-quatre cholériques, je crois
pouvoir fournir une collection intéressante de tracés thermométriques.

Ainsi mes observations ont surtout pour but de faire ressortir
l'importance des courbes qui y sont jointes; et, comme c'est sur
cela que l'attention doit surtout être portée, je ne donnerai
que celles qui ont une longueur suffisante ou qui présentent un

intérêt réel par la concordance ou par la discordance des enseignements fournis et par l'examen général du malade et par l'exploration thermométrique.

J'ai bien toujours noté, en même temps que la température, le chiffre et l'état du pouls et de la respiration ; mais je ne compliquerai pas mes tracés thermiques en y ajoutant d'autres courbes, afin de ne point diviser l'attention.

Le total de mes explorations thermométriques dans le rectum et l'aisselle s'élève à un chiffre qui dépasse onze cents. J'ai choisi ces deux régions et elles seules pour un certain nombre de raisons. L'aisselle est le lieu où la plupart des cliniciens ont coutume d'appliquer l'instrument dans les diverses maladies ; or il est bon de suivre la pratique habituelle pour avoir un terme de comparaison plus exact. Cependant, dans le cas de choléra, l'exploration axillaire ne prouve rien si elle est pratiquée isolément, parce qu'elle ne donne pas la température centrale. De plus, il y a cette difficulté matérielle pour l'aisselle que, le cholérique étant essentiellement remuant pendant la période algide, en raison des crampes et des vomissements, et le thermomètre se mettant très-lentement en équilibre de température, on a de la peine à obtenir le niveau réel de la chaleur. Toutefois, quand les explorations sont faites par le même observateur, les résultats sont, quoique imparfaits pris séparément, parfaitement comparables entre eux. J'ai donc toujours noté la température axillaire.

En même temps, je plaçais un thermomètre dans le rectum, parce que c'est le lieu d'élection pour chercher la température des cholériques. Ce mode d'exploration présente pourtant des inconvénients : 1° le thermomètre est souvent chassé, en raison de la fréquence des selles et du relâchement du sphincter ; 2° il est souvent brisé par suite des mouvements du malade ; 3° il est toujours souillé par les matières alvines ; 4° le médecin est exposé à respirer perpétuellement des odeurs nauséabondes et infectantes. Mais comme, d'autre part, le malade se prête avec la plus complète indifférence à cette opération, on peut dire avec le professeur Lorain que « la seule difficulté est dans

» l'opérateur et non dans le malade, et qu'il est des répu-
» gnances qu'un homme de science doit surmonter dans l'intérêt
» du but louable qu'il poursuit » (*Le choléra observé à l'hôpital
Saint-Antoine, 1868*, p. 104). D'ailleurs, comme le thermomètre se met vite en équilibre de température dans le rectum,
et que c'est là qu'on approche le plus de la température centrale, c'est là aussi que les professeurs Lorain (*loc. cit.*) et
Charcot (*Sur la température du rectum dans le choléra asiatique,
Gazette médicale, 1866*) conseillent de l'appliquer.

Je n'ai pas cru indispensable d'explorer conjointement, au
point de vue de la température, la main et la bouche, parce que
je n'aurais pu entreprendre à la fois trop de choses, et parce que
l'application du thermomètre est sujette à erreur dans la main
et peu pratique dans la bouche (nos malades suçaient d'ailleurs
continuellement de la glace).

Peu d'auteurs français ont publié de bonnes courbes thermiques du choléra; il n'y a guère que dans le livre du professeur
Lorain et dans l'article du professeur Charcot qu'on trouve
d'excellents tracés. Je ne discuterai pas tous les points qu'ils
ont traités. Je n'ai, en effet, rien de bien spécial à dire sur la
plupart d'entre eux et je ne prétends pas me lancer dans une
description minutieuse des faits de l'étiologie, de la symptomatologie générale ou du traitement. Mais je veux insister particu-
lièrement sur ceci, que l'épidémie de 1873 a eu une physionomie
spéciale, en ce sens que la maladie évoluait lentement, insi-
dieusement, et que la mortalité était bien plus considérable
qu'on n'eût pu le prévoir au premier abord. Cette remarque ne
m'est pas personnelle, et je pourrais l'appuyer sur l'autorité de
mes maîtres (MM. Hérard et Damaschino) qui, ayant observé
déjà une ou plusieurs épidémies antérieures, trouvaient entre
celle de 1873 et les précédentes cette différence qu'avec une
symptomatologie peu inquiétante la mortalité était considérable,
si bien que nous avons perdu trente-quatre malades sur quarante-
six cas (près de soixante-dix pour cent). Or, quand on lit les diverses
descriptions du choléra qui ont été données par les auteurs, on
s'aperçoit qu'elles varient avec les époques auxquelles elles se

rapportent : la physionomie du fléau a changé très-certainement
depuis sa première apparition en France, et le choléra de 1873
n'a pas ressemblé à celui de 1832.

Cependant, de transitions en transitions, on peut suivre les
évolutions du mal à ses différentes apparitions ; les changements
sont progressifs, et telle forme qui a dominé dans une épidémie
avait précisément paru déjà de plus en plus fréquente dans les
épidémies précédentes. En 1832, par exemple, on mourait en
algidité, ou bien dans une réaction exagérée ; mais les formes
confondues sous la dénomination collective de typhoïde étaient
rares. Elles étaient plus communes en 1865, et, pendant l'épidémie de 1873, c'est au milieu des accidents de ce genre que
sont morts la plupart de nos malades, et cela quels qu'aient été
le traitement suivi, l'âge de l'individu et son état antérieur de
santé. Sauf erreur tenant à un défaut d'observation ou à la coïn-
cidence d'une série exceptionnelle, je puis donc dire *que pendant l'année 1873 les formes dites typhoïdes ont prédominé.*

*Or ces formes sont remarquables principalement par le carac-
tère insidieux de leur marche.* Le cholérique semble aller mieux ;
ses mains, ses pieds sont réchauffés ; il ne se plaint plus ni de
crampes, ni de chaleur ardente à l'intérieur, ni de soif vive ; sa physionomie plus calme fait croire au retour d'une amélioration réelle ;
le pouls se développe et la respiration est profonde ; les urines
reparaissent même ; la voix revient ; la diarrhée diminue, elle est
quelquefois remplacée par de la constipation ; les vomissements
sont verdâtres, verts, porracés, et n'ont plus ni l'abondance ni la
fréquence d'auparavant. Aussi pourrait-on croire à une réaction
complète et prédire par conséquent une guérison prochaine ;
parfois même, on cède au désir répété du malade et, devant la
cessation des troubles intestinaux, on lui accorde timidement un
peu de bouillon ou de vin.

Mais ce calme est extrêmement trompeur ; des symptômes
inquiétants ne tardent pas à se manifester ; l'anurie reparaît ; la
diarrhée alterne avec de la constipation ; la langue et les gencives
deviennent sèches, brunes, fuligineuses ; il y a du hoquet ; la
face prend l'aspect typhoïde, hébété ; une somnolence conti-

nuelle fait place au coma ou à une agitation avec subdélire; le malade oublie de continuer un mouvement commencé et s'endort, par exemple, sans penser à rentrer la langue qu'on vient de lui faire tirer; les yeux demeurent apparents entre les paupières toujours entr'ouvertes; les cornées sont flasques, les sclérotiques injectées, puis desséchées; la sécrétion lacrymale est visqueuse et s'accumule au niveau de l'angle interne; le pli de la peau redevient persistant; la cyanose reparaît malgré la chaleur apparente. Enfin le pouls est rapide, filiforme, fuyant, après avoir été plein et dicrote ; la respiration se ralentit, devient profonde, suspirieuse, comateuse, et souvent on note dans son rhythme des irrégularités et des intermissions variables. J'ai vu, par exemple, survenir des arrêts de la respiration allant jusqu'à vingt secondes de durée, et, dans l'espace d'une minute, on pouvait ne compter que six ou huit inspirations. Deux fois aussi j'ai remarqué, d'abord sur la face et les parties découvertes, puis sur tout le corps, une efflorescence incessamment renouvelée qui, traitée par l'acide azotique, donnait des cristaux de nitrate d'urée facilement reconnaissables au microscope (Liouville et Gripat, *Communication faite à la Société de Biologie le 8 novembre 1873*).

Ces divers symptômes se rapportent, comme on le voit, aux deux *formes urémique et comateuse* de ce que le professeur Lorain appelle à juste titre « la période de *déclinaison* du choléra, laquelle est marquée par l'abaissement progressif des fonctions sans réaction (p. 202). » Une fois qu'ils ont paru, il n'y a plus guère à s'illusionner sur le pronostic : le malade, tombé dans l'état dit *typhoïde*, est à peu près fatalement voué à la mort.

Mais, avant que cet état ne soit confirmé, tant qu'il n'est encore qu'au degré de *réaction incomplète*, le pronostic demeure très-difficile à établir sur la majorité des symptômes. Comment croire, en effet, d'un cholérique qui n'a presque plus d'évacuations, qui parle à haute voix, qui a uriné, dont la peau semble chaude quand on touche avec la main, qui se sent et se dit mieux, qui jouit du bien-être que cause l'absence absolue de souffrance, comment croire, dis-je, d'un pareil malade qu'il sera le lendemain dans le coma et qu'il mourra deux jours après? Il y a bien parfois, dans l'ensemble des symptômes qu'il présente, quelqu'un d'eux qui est peu satisfaisant; mais on passe facilement à côté, car nul, en somme, ne vaut par sa constance; nul, si ce n'est un sur lequel il faut absolument insister, et ce signe c'est *l'abaissement progressif et continu de la température rectale*.

C'est précisément pour la démonstration de ce fait que j'ai cru devoir entreprendre ce travail et produire une collection relativement importante de courbes thermométriques. Dans la première série de ces courbes (de I à IX), on verra la température décroître graduellement jusqu'à la mort, bien que l'ensemble des autres symptômes fût satisfaisant. La seconde série (de X à XVIII) contiendra, au contraire, des courbes de cholériques qui ont guéri, courbes remarquables par leur horizontalité persistante après le début de la réaction. De cette opposition dans l'apparence des courbes ressortira précisément la vérité de ce que j'avance, à savoir que *l'abaissement progressif et continu de la température du cholérique après la période algide est un signe certain de la mort.*

Je ne prétends pas avoir découvert cela, et, pour n'en donner qu'une preuve, je cite l'aphorisme du professeur Lorain (p. 198) : « *Des courbes uniformément descendantes sont signe de mort.* » A l'appui de cette opinion, il donne (*loc. cit.*, p. 199 et 201) deux courbes, dont je ne reproduis que les tracés axillaires et rectaux, afin de mieux les comparer aux miennes.

(*Voir, à la fin du mémoire, les deux courbes empruntées au professeur Lorain.*)

Ce que le professeur Lorain a observé dans ces deux cas, je l'ai noté un nombre de fois plus considérable, quoique j'aie vu moins de cholériques. Voici, par exemple, quelques observations avec courbes. Celles des nᵒˢ I et II sont uniformément descendantes jusqu'à la mort; celle de l'observation III présente une élévation considérable de température au dernier moment; dans celles des nᵒˢ IV, V, VI, VII, l'élévation a commencé plus tôt.

Enfin, dans les deux cas n°s VIII et IX, l'abaissement de température est resté à un niveau supérieur, les deux malades étant en puissance d'une maladie aiguë et fébrile, au moment du début du choléra : aussi l'abaissement n'a-t il été que relatif.

Observation n° 1. — Pérityphlite. — Choléra. — Mort.

SCHNEIDER Eugène, tailleur, 23 ans, entré le 5 octobre.

Diarrhée habituelle depuis deux ou trois mois. Depuis le 2 à l'hôpital pour une pérityphlite.

Le 5, il entre dans notre salle avec des vomissements, une diarrhée abondante et l'aspect d'un cholérique. Les symptômes abdominaux sont peu intenses et l'état général semble assez satisfaisant. Toutefois, il y a suppression presque absolue de la sécrétion urinaire ; le peu d'urine qu'on obtient contient une forte proportion d'albumine.

Le 9, les urines sont sanglantes (la veille on a posé un vésicatoire sur la fosse iliaque droite).

Malgré le peu d'intensité de tous les symptômes (pas de diarrhée ni de vomissements), bien que l'état général semble meilleur, la température baisse continuellement.

Le 11, après avoir pris un peu de vin par la bouche et en lavement, il est repris de diarrhée intense et tombe dans une torpeur typhoïde.

Le lendemain 12, il est froid, hébété, anéanti; sa langue est sèche et couverte, ainsi que les dents, de fuliginosités.

Mort dans l'après-midi du 13.

RÉFLEXIONS. — Certes, l'ingestion prématurée de vin a pu contribuer à produire des accidents mortels; mais, antérieurement déjà, l'abaissement continuel de la calorification générale indiquait la gravité de l'état du malade et l'absence réelle de réaction que la cessation de la diarrhée, le retour de la voix, auraient pu faire croire complète.

Observation n° II. — Syphilis. — Choléra typhoïde. — Mort.

CERCUEIL Eugène, boulanger, 30 ans, entré le 11 octobre, mort le 14.

La réaction n'ayant pu se faire, il était tombé dans un état typhoïde très-net (stupeur, langue sèche et noire, gencives fuligineuses), et avait présenté à la fin de la cyanose de ses taches de roséole.

Observation n° III. — Choléra. — État typhoïde. — Mort.

MOTTU Jean-Baptiste, garçon de magasin, 22 ans, entré le 18 octobre.

Parait avoir eu depuis quelques jours un peu d'embarras gastrique fébrile, sans diarrhée. Le 12, on le purge avec de l'eau de Sedlitz ; depuis ce temps, la diarrhée persiste, et, le 18, elle s'accompagne de vomissements , de crampes et d'aphonie.

Il entre le soir avec le faciès caractéristique, les yeux creux, le nez et la langue froids, la voix cassée, les mains crispées, des nausées , un peu de diarrhée, la barre stomacale et des crampes ; pas d'urines depuis le 17.

Le 19, l'état est le même, avec des crampes dans les doigts.

Le 20, les vomissements deviennent verdâtres ; il n'y a plus de diarrhée, peu de crampes, mais les urines ne reparaissent pas ; il y a de l'engourdissement, du refroidissement, puis de l'agitation, du délire ; la langue est rouge et sèche, la diarrhée reparait et le malade meurt le 22. Au moment de la mort, la température, basse la veille, est de : T. R. = 39° 7, T. A. = 38° 1.

Observation n° IV. — Coxalgie. — Choléra. — État typhoïde. — Mort.

MICHEL Louis, homme de peine, 27 ans, entré le 17 octobre.

A l'hôpital depuis le 2 octobre pour une coxalgie au début. Pas de selles du 13 au 17. Ce jour, après plusieurs selles pâteuses le matin , début à 11 heures de diarrhée grise, grumeleuse ; à 2 heures, vomissements, mais pas de crampes, pas de douleurs, peu d'algidité ; miction le soir.

Entré dans le service, le 17, avec un état cholériforme peu intense, les traits fatigués, les yeux cernés, une diarrhée séreuse, une soif vive, mais sans crampes.

Le 18, au soir, malgré le traitement par l'ipéca , les opiacés unis à l'alcool, la diarrhée augmente et des crampes paraissent dans les doigts, sitôt qu'ils restent à l'air.

Le 19, il y a des sueurs visqueuses ; le 20, des vomissements verts, mais une diarrhée involontaire ; puis la face prend l'aspect typhoïde, la peau semble chaude, quoique la température baisse ; il n'y a plus d'urine. Le malade est agité, veut se lever, sa langue est sèche et cornée. Il meurt le 24. Une demi-heure avant la mort, la température remonte à : T. R. = 35°, T. A. = 36° 3.

Observation n° V. — Phthisie. — Choléra. — État typhoïde. — Mort.

CLAUSE Louis, ferblantier, 23 ans, entré le 18 septembre.

A reçu, pendant la guerre de 1870, un éclat d'obus dans la hanche gauche. Est resté treize mois en traitement, dont sept en Prusse ; eut alors des hémoptysies.

Entré à l'hôpital, le 12, pour une phthisie au troisième degré. Etait alors constipé.

Le 14, début de diarrhée jaune et de vomissements. Le 15, crampes et suppression des urines. Le 16, aphonie. Le 18, aspect cholérique très-net : teint plombé ; lèvres grisâtres ; yeux caves, cernés ; peau ridée, à plis persistants ; les veines sont peu visibles ; extrémités froides. Ce jour et le lendemain, à la suite du traitement par les bains d'air chaud et par l'ipéca , la chaleur revient à la peau, l'aspect est meilleur, les vomissements deviennent très-verts ; cependant la douleur sternale et l'oppression persistent, et il y a du délire. Les crachats sont sanglants, la diarrhée reparaît incoercible.

Le 21, cependant, l'état est meilleur ; il y a des urines albumineuses. Sous l'influence de lavements laudanisés, la diarrhée et les vomissements se suspendent. Le malade prend même un bouillon.

L'amélioration semble persister dans la journée du 22 ; il y a peu de diarrhée, les vomissements sont verts, mais la température continue à baisser.

Le 23, l'aspect général est très-mauvais : abattement, yeux demi-ouverts, extrémités froides, pouls imperceptible, hoquet continuel, température basse. Cependant il y a peu de vomissements et peu de diarrhée. Puis, pendant que la température se relève un peu, les extrémités paraissent plus froides quand on les touche. Le 24, le malade ressemble à un cadavre qui respire et qui bouge de temps à autre quand on l'éveille ; il ne pousse plus que quelques grognements ; il n'a plus ni toux, ni hoquet, ni selles, ni vomissements. Les conjonctives sont rouges, la sécrétion lacrymale gluante, les cornées dépolies et flétries, les sclérotiques desséchées au niveau de l'ouverture palpébrale. Il ne s'éteint cependant que le soir.

Observation n° VI. — Choléra. — État typhoïde. — Mort.

TASSAT Ferdinand, maçon, 23 ans, entré le 17 octobre.

Le 16, au matin, début de la diarrhée. A midi, elle augmente et s'accompagne de vomissements, de crampes, d'aphonie, de suppression des urines. Le soir on lui donne une potion à la menthe, et, le 17 au matin, de l'eau de Sedlitz.

Il entre dans notre service à 9 heures du matin, avec tout le cortége des accidents cholériques : teint plombé ; yeux caves, cernés ; nez pincé, froid ; lèvres bleues ; langue froide ; mains plombées ; peau sèche, à plis persistants ; voix cassée ; barre stomacale ; vomissements et diarrhée. Le pouls ne peut être compté à la radiale ; on compte à l'humérale quatre-vingts pulsations. Le soir on ne peut plus compter que les battements du cœur qui sont à cent vingt. Il y a de la cyanose, de la pulvérulence des narines, les yeux et la bouche sont ouverts, il y a une diarrhée blanche involontaire et des crampes.

Les jours suivants, les vomissements sont verts ; il y a de la stupeur, un facies typhoïde, puis, du délire, et le malade meurt le 19.

La température qui a remonté le matin de la mort est, 1 heure 1/4 après, de : T. R. = 38° 8, T. A. = 34° 9.

*Observation n° VII. — Choléra. — Eruption acnéiforme. — État
typhoïde. — Mort.*

CHARLES François, tonnelier, 24 ans, entré le 19 septembre.

Le 18, début brusque de diarrhée abondante et fréquente qui devint rapidement séreuse. Douze heures après, vomissements, crampes, douleur en barre, aphonie.

Le 19, algidité complète : nez pincé et froid ; yeux creux et cernés ; joues creuses ; lèvres bleues et teint gris ; extrémités très-froides ; pli persistant ; on distingue encore les veines des mains ; voix faible ; langue froide, peu chargée ; vomissements et diarrhée abondants, riziformes ; pouls et respiration rapides.

Le soir, à la suite de bains d'air chaud, la réaction paraît nette et franche.

Le 20, état en apparence très-satisfaisant. Le 21, les urines reparaissent albumineuses (il n'y en avait pas eu depuis la nuit du 18 au 19), mais le malade est somnolent ; sa température baisse. Même état de régression, le 22 ; on donne en vain des excitants et un bain d'air chaud ; les évacuations reparaissent ; les urines se suppriment de nouveau ; il y a de la stupeur, et le malade dort toujours. Cependant sa température continue à baisser.

Le 24, le pouls est filiforme, la respiration profonde et lente ; il n'y a pas d'évacuations. La somnolence continue et la température s'élève de 1° environ. Mort.

Observation n° VIII. — Rhumatisme articulaire subaigu. — Choléra — État typhoïde. — Mort.

TRANSINE Julien, garçon marchand de vin, 17 ans, entré le 28 octobre.

En traitement à l'hôpital depuis huit jours pour un rhumatisme articulaire subaigu généralisé. Pris subitement dans la nuit du 27 au 28 de diarrhée, vomissements, aphonie, crampes.

Le 28, après un bain d'air chaud, joues creuses ; yeux cernés ; nez froid ; teint plombé ; plis de la peau peu persistants ; affaissement ; coliques sans diarrhée ; nausées sans vomissement ; langue bleue en dessous, couverte d'un enduit blanc ; lèvres bleues ; voix faible ; anurie.

L'état persiste assez bon le 29 et le 30 ; toutefois, le soir de ce jour, le malade est assoupi. Le lendemain, les yeux demeurent continuellement entr'ouverts.

Le 1er novembre, la peau du corps semble plus chaude au toucher, mais les mains sont froides, bleues, le nez pincé et la langue presque froide. Il se trouve bien, n'accuse aucune souffrance, et tombe dans une torpeur d'où ne peuvent le tirer les injections excitantes d'alcool ou d'éther pur dans le tissu cellulaire sous-cutané. L'urine qui avait paru le 30 octobre n'est plus sécrétée. Une efflorescence de cristaux d'urée paraît sur tout le corps, et le malade meurt le 4.

A l'autopsie, on trouve de la psorentérie, les intestins sont collés par des débris épithéliaux agglomérés ; il existe une péricardite adhésive et une légère endocardite avec ulcérations douteuses.

Observation n° IX. — Fièvre typhoïde. — Choléra. — Rétention d'urine. — État typhoïde. — Mort.

JAMES Pierre, peintre, 32 ans, entré le 24 septembre.

Entré à l'hôpital le 17 septembre, en pleine épidémie cholérique, avec un début de fièvre typhoïde qui marche régulièrement.

Le 24, après administration d'une dose purgative de sulfate de magnésie, augmentation de la diarrhée qui devient grumeleuse ; puis vomissements, aphonie, surdité, crampes.

Le soir, la peau est ridée, chaude et couverte de sueurs ; le nez est pincé, les yeux caves. Puis les sueurs deviennent froides, la diarrhée est peu abondante et il n'y a pas de vomissements.

Le lendemain des crampes surviennent ; mais l'aspect général est meilleur, et il y a des vomissements d'un vert foncé, sans diarrhée.

Le 27, pour la première fois, envie d'uriner. Le malade essayant en vain de satisfaire cette envie, on introduit une sonde métallique, puis une sonde en gomme qui ne paraît pas dépasser le pubis ; comme il n'y a jamais eu de blennorrhagie ni de signes de rétrécissement, comme la vessie paraît vide quand on la percute, il est probable que la sonde est arrêtée au niveau du col, que cet organe est contracturé, et que les envies d'uriner sont des crampes de la vessie.

Même état les jours suivants, avec symptômes typhoïdes, diarrhée incoercible, vomissements verts abondants, abattement, somnolence.

Le 28, on pénètre avec peine dans la vessie et on retire 1 litre et demie d'urine acide et albumineuse. Les troubles urinaires cessent. L'état semble meilleur en tous points, mais la température continue à baisser. Le 1er octobre, la rétention d'urine recommence, l'état typhoïde s'accentue, la température remonte, et la mort arrive le 4 octobre au matin.

Dans ce cas, la température n'est jamais tombée jusqu'aux niveaux inférieurs de certains autres; cela tient assurément à l'état dothiénentérique antérieur. L'abaissement de la chaleur n'a été que relatif.

Comme on peut le voir d'après les exemples qui précèdent, l'état typhoïde s'accompagne ordinairement dans le choléra d'une descente considérable des courbes thermiques. *Qu'elle ait été haute ou normale au début du choléra, sitôt que la température rectale prend une marche progressivement décroissante, il faut conclure à un pronostic fâcheux;* je pourrais dire : *même en l'absence d'aucun autre phénomène grave.*

Souvent il nous est arrivé de prévoir la mort du malade uniquement sur cette donnée. *Il est donc d'une importance capitale d'explorer fréquemment et régulièrement la température centrale des cholériques,* si l'on ne veut pas avoir de nombreuses et pénibles déceptions. Ce n'est pas tout de bien faire un diagnostic et de bien poser les indications thérapeutiques; il faut aussi se livrer à une étude sérieuse des signes pronostiques du mal, afin de ne pas se laisser prendre à des apparences souvent trompeuses. C'est là ce qui donne surtout la confiance dans le médecin, et c'est aussi par là qu'un clinicien perspicace se distingue d'un' pathologiste érudit.

Ainsi il faut redouter une issue funeste quand on voit le thermomètre descendre avec persistance, dans le choléra. Mais je dis que c'est surtout la courbe rectale qu'il faut étudier; c'est elle qui vaut le plus pour la connaissance précise de l'état des forces de l'organisme. La température axillaire, au contraire, peut baisser d'une manière assez notable, sans que pour cela le danger soit imminent; on en verra la preuve dans les courbes n°s XIX, XX et XXIII.

Je ne veux pas dire, toutefois, qu'il soit inutile de prendre la température axillaire; non, car la discordance des résultats qu'on obtient dans l'aisselle et le rectum est un indice de l'inégale répartition de la chaleur. Or cette inégale répartition indique déjà que la réaction n'a point encore commencé franchement. Il faut donc se tenir alors sur ses gardes; mais on peut encore espérer. Au contraire, quand, après la température axillaire, on voit la température rectale descendre avec persistance, quand elle arrive au chiffre trop bas de 36°,5, de 36°, c'est-à-dire quand elle s'abaisse de 1° à 1°,5 au-dessous de la normale, c'est alors que le pronostic doit être déclaré grave.

Ce n'est pas, il faut le répéter, le fait d'une seule température basse qui imprime au pronostic cette gravité, car souvent, pendant la période dite algide, on trouve la température très-peu élevée dans le rectum, sans que pour cela la mort soit fatale (la courbe de l'observation XV en est un exemple manifeste); cet abaissement, quand il est accidentel, qu'il soit unique ou qu'il se répète deux ou trois fois, par exemple, avec alternance d'une température plus haute, avant la réaction, n'a rien qui doive trop alarmer, car il n'indique pas que l'état est désespéré. Mais *ce qui vaut surtout, au point de vue de la gravité du pronostic, c'est la progression descendante, c'est la persistance dans l'abaissement de la courbe thermique, après que la réaction semble commencée*, ou bien quand elle devrait se produire.

Quand la réaction se fait bien, la chaleur se régularise au contraire : elle se rapproche du niveau normal, soit en montant, soit en descendant. Comme elle se répartit plus régulièrement, la courbe rectale et la courbe axillaire se rapprochent et deviennent parallèles; elles demeurent horizontales si l'état du cholérique est déjà parfait, remontent lentement et progressivement, au contraire, si l'absorption recommence à se faire après avoir été abolie, si le malade sort du collapsus de l'autophagie et si la nutrition répare enfin les pertes qu'avait fait subir à l'économie l'abondance des évacuations.

Ainsi, *quand on voit, avec les autres symptômes généraux de la réaction, la température demeurer dans des limites régulières pendant deux ou trois jours de suite, il y a de grandes chances pour que le malade guérisse;* or ces limites régulières c'est, pour la température rectale, entre 38° et 37°. La température axillaire peut, je le répète, présenter une irrégularité moindre et même osciller entre 37° et 35°5. Il faut toutefois, dans ce cas, se tenir plus réservé.

Les courbes suivantes sont des exemples à l'appui de cette proposition. Elles se rapprochent de quelques-unes de celles du professeur Lorain; les unes (obs. nos X et XI), par leur horizontalité soutenue, ressemblent à celles qu'il donne pages 165, 167, 171 et 192 de son ouvrage; d'autres (obs. nos XII et XIII) rentrent dans la règle qu'il a posée, à savoir que « *les courbes uniformément ascendantes marquent la tendance à la guérison* (p. 192). »

Je placerai à côté de ces observations celle d'un malade (no XIV) chez lequel les deux thermomètres ont donné à la fois au début une température élevée, sans que cela ait paru empêcher la tendance à la guérison ; d'ailleurs, la courbe de la réaction y est absolument régulière; or c'est précisément à cette période que l'étude de la chaleur me semble indiquer l'état réel du cholérique.

Observation no X. — Choléra. — Guérison.

CHOTSMANN Octave, employé de commerce, 28 ans, entré le 9 septembre. Depuis huit jours, diarrhée muqueuse forte surtout depuis quatre jours. La diarrhée augmente et les vomissements blancs débutent le 9. La voix devient enrouée. Cependant il vient à pied à l'hôpital.

Peau paraissant peu froide au toucher ; cyanose des mains ; face grippée ; yeux caves ; langue chargée, nausées, vomissements provoqués par la moindre ingestion de liquide ; ventre douloureux, borborygmes, diarrhée ; crampes dans les jambes et dans le dos ; suppression des urines.

Réaction assez rapide, puisque la voix devient presque claire le lendemain matin, mais incomplète pendant quelques jours.

Le 11 au soir, les vomissements sont verts, et les urines reviennent abondantes le 12 (albumine, pas de sucre, indigo). Sort guéri le 22.

Observation n° XI. — Choléra léger. — Guérison.

LECOQ Pierre, menuisier, 29 ans, entré le 14 octobre.

Dans la nuit du 11 au 12, début subit de diarrhée abondante, jaune, avec vomissements, crampes, perte de la voix, refroidissement.

L'état persiste jusqu'à l'entrée ; il n'y a pas de suppression des urines.

La réaction se fait vite et franchement, les urines contiennent alors de l'albumine et de l'indigo en abondance.

Exeat le 19.

(La présence de l'albumine dans les urines de la réaction est, pour la plupart des auteurs, la caractéristique du choléra. Elle nous a manqué ou, du moins, elle a été douteuse dans quelques cas qui me semblent devoir pourtant être rangés parmi les choléras vrais, en raison du moment de leur apparition en pleine épidémie.)

Observation n° XII. — Choléra léger. — Guérison.

CAILLAUD François, maçon, 24 ans, entré le 11 septembre.

Diarrhée depuis une dizaine de jours.

Le 6, il se met au lit avec fièvre, diarrhée, quelques crampes dans les jambes.

Le 9, vomissements bilieux et épistaxis.

Entre le 11, dans un état typhoïde se mêlant à un état cholérique. Il y a, en effet, d'une part, de l'hébétude, le facies typhique, le décubitus dorsal, la langue épaisse, chargée, rouge à la pointe et sur les bords, la peau assez chaude, les urines claires, assez abondantes et donnant un précipité d'albumine très-douteux ; d'autre part, comme signes négatifs de la fièvre typhoïde, le ventre plat sur lequel on n'a point vu jusqu'à la fin de taches rosées, mais seulement quelques taches bleues ; et, comme signes cholériques, la voix enrouée, les yeux cernés, des selles riziformes et des vomissements jaunâtres abondants.

Dès le jour même, la diarrhée devient bilieuse sous l'influence d'un purgatif salin ; la réaction est très-franche et la convalescence rapide.

Exeat le 22 septembre.

Observation nº XIII. — Choléra léger. — Guérison.

PICQ Alexandre, garçon de magasin, 70 ans, entré le 8 septembre.

Diarrhée depuis le 2, qui augmente le 7 et s'accompagne de vomissements.

Yeux caves ; voix couverte ; mains et pieds froids ; pas de crampes ; peu de diarrhée ; pas de vomissements ; barre stomacale ; n'a pas uriné depuis le matin. Par la sonde on retire quelques gouttes d'urine fortement albumineuse.

Réaction franche et rapide : pendant la nuit les urines reviennent assez abondamment, et contenant beaucoup d'albumine, caractère qu'elles conservent jusqu'au 13. — La réaction reste assez modérée, et le malade sort le 20 septembre.

Observation nº XIV. — Choléra. — Guérison.

JACQUET Louis-Arnold, chapelier, 50 ans environ, entré le 19 octobre.

Diarrhée légère depuis 7 jours. Deux cas de choléra existent dans sa maison ; il est pris le 19, au moment du déjeûner, de syncope, de vomissements, de diarrhée abondante ; puis, au bout de trois ou quatre heures, de crampes et d'enrouement.

Le soir à neuf heures, abattement ; aphonie ; face plombée : yeux creux ; nez froid ; langue froide et blanche ; mains froides, grises, à plis persistants ; crampes peu fortes ; somnolence ; soif modérée ; vomissements ; diarrhée blanche, fréquente, sans incontinence ; barre stomacale ; anurie.

Le lendemain matin, au sortir d'un bain d'air chaud, la température est élevée (T. R. = 39°1, T. A = 37°9), la réaction est modérée ; les urines, supprimées depuis le 19, reparaissent le 22. La diarrhée cesse rapidement et les vomissements sont peu fréquents.

Excat le 29 novembre.

Je n'ai tenu compte, dans l'étude et dans le classement des faits précédents, que des températures de la période de réaction. Les courbes qui suivent rentrent encore dans le type favorable, mais je les ai distraites des précédentes parce qu'elles présentent, au point de vue de la température de l'algidité, un intérêt particulier.

Dans beaucoup de cas la température du choléra oscille, tant dans le rectum que dans l'aisselle, entre des limites physiologiques, quelle que soit la période où l'on considère le malade ; il en est ainsi des courbes nᵒˢ XI et XII. Mais, quand le choléra est grave, les températures de la période d'algidité sont souvent plus basses, et cela soit isolément, soit conjointement dans l'aisselle et dans le rectum.

L'observation XV nous montre deux courbes, d'abord très-basses, se relevant parallèlement, se rapprochant de la normale et s'y maintenant exactement.

Dans les observations n°s XVI, XVII, XVIII, la température axillaire s'est montrée seule inférieure au début, tandis que la courbe rectale restait tout d'abord entre les limites physiologiques.

Observation n° XV. — Choléra. — Eruption rubéolique. — Guérison.

BESSINGTON Théodore, maçon, 23 ans, entré le 14 octobre.

Diarrhée abondante et fréquente depuis le 12. Dans la nuit du 13 au 14, augmentation de la diarrhée, vomissements alimentaires, crampes, voix cassée, sensation de froid aux pieds.

Le 14, cyanose légère du corps et des membres ; teinte plombée du visage ; coloration violette du plancher de la bouche ; yeux creux, cernés ; nez froid et pincé ; voix cassée ; rides aux mains, plis persistants ; nausées ; pas de barre stomacale ; selles blanches, grumeleuses ; anurie.

Le lendemain, crampes violentes dans les membres, l'estomac et les lombes.

Retour des urines et début de la réaction le 18, seulement. A partir de ce jour, marche rapide vers la guérison.

Le 22, début d'une éruption rubéolique qui, d'abord limitée aux fesses, gagne bientôt le tronc et les membres.

Exeat le 28 octobre.

Observation n° XVI. — Choléra. — Guérison.

DOUIN François, boulanger, 24 ans, entré le 21 octobre.

Début de la diarrhée, le 19. Dans la nuit du 20 au 21, diarrhée plus forte, vomissements, soif vive, crampes, aphonie.

Entre le 21, abattement ; pâleur ; yeux cernés ; nez froid ; haleine froide ; langue blanche, froide ; crampes d'estomac et crampes dans les mollets ; barre stomacale ; vomissements et selles abondantes ; soif vive ; mains tièdes, ridées, à plis peu persistants ; anurie.

Début de la réaction dans la journée du 23 (urines). Le 24, éruption acnéique sur les fesses ; le 4 novembre, gros furoncle à la hanche. Exeat le 15 novembre.

Observation n° XVII. — Choléra. — Miliaire rouge. — Guérison.

SOURDIER Joseph, maçon, 32 ans, entré le 7 septembre.

Le 1er septembre, diarrhée légère. Le 5, aggravation de la diarrhée et vomissements.

Entre le 7, au matin : peau ridée, grise, sèche, froide aux extrémités ; yeux caves ; nez pincé ; oreilles desséchées ; joues creuses ; voix affaiblie ; vomissements fréquents ; chaleur à l'épigastre ; soif vive. Par la sonde, on retire trois ou quatre gouttes d'urine fortement albumineuse (a uriné dans la nuit).

La réaction commence dès le soir par le réchauffement de la peau, mais il y a de l'anurie. Le lendemain, un vomissement bilieux ; le pouls devient plus plein.

Le 9, les urines reparaissent contenant beaucoup d'albumine ; la réaction est complète et modérée.

Le 13, gonflements œdémateux des paupières ; le 18, paraît sur tout le corps une miliaire rouge, petite et abondante. Exeat le 22.

Observation n° XVIII.— Choléra grave. — Eruption acnéiforme. — Guérison.

DEJOIE JULES, maçon, 25 ans, entré le 17 octobre.

Le 12, début de diarrhée abondante qui persiste, le malade continuant à manger comme de coutume.

Le 17, au matin, après une miction, diarrhée plus abondante, vomissements, crampes, aphonie, barre stomacale.

Le matin, à 9 heures, face grisâtre ; yeux caves ; nez froid ; langue froide, mais encore un peu rose ; lèvres bleuâtres ; mains grises, sèches, ridées ; plis de la peau persistants ; barre stomacale ; diarrhée modérée et vomissements ; crampes, aphonie.

Malgré le peu de gravité des symptômes intestinaux, l'état général demeure mauvais : il y a du coma et un aspect typhoïde qui font craindre l'algidité régressive de la forme typhique.

Cependant les urines reparaissent, le 20, abondantes, chargées d'albumine et d'indigo.

Le 24, éruption acnéiforme sur les fesses, s'étendant ultérieurement sur le tronc. Exeat le 8 novembre.

Les courbes des observations précédentes sont remarquables par la tendance à l'état stationnaire ou à l'ascension de l'un des tracés ou des deux à la fois. C'est l'indice d'un état continuellement favorable depuis le début. D'autres fois, au contraire, on voit la température baisser progressivement mais lentement ou pendant peu de temps, puis se relever tout à coup et reprendre une direction ascendante d'un bon augure.

Si nous étudions comparativement les observations nᵒˢ XIX et XX, et leurs courbes, nous voyons que dans ces deux cas les malades allaient précisément en déclinant, alors que leurs températures baissaient ; ils étaient fortement menacés de tomber dans l'état typhoïde, lorsque la réaction se prononça tardivement, nette et modérée chez le malade n° XIX, violente et tumultueuse chez le jeune homme n° XX, avec des symptômes de congestion cérébrale intense et une éruption confluente ressemblant à une roséole papuleuse.

Observation n° XIX. — Choléra (à réaction lente). — Guérison.

GERBAUT JEAN, homme de peine, 38 ans, entré le 16 octobre.

Diarrhée depuis le 2. Le 12, diarrhée plus abondante (15 selles). Même diarrhée les 13, 14, 15 ; continue à travailler. Aggravation de la diarrhée, le 15, avec faiblesse, étourdissements, soif vive, puis vomissements ; le 16, au matin, diarrhée blanche, vomissements, voix cassée, crampes, sensation de suffocation.

Entré le 16, au soir. Teint plombé, mains grises, yeux cernés, nez froid, voix cassée, bâillements, mains ridées, plis persistants, crampes. Peu de diarrhée, mais beaucoup de vomissements. Anurie.

L'état reste stationnaire. Le 18, les vomissements deviennent verts, et les urines reparaissent le 19, contenant beaucoup d'albumine et d'indigo. Malgré ce commencement de réaction, la somnolence marque une tendance à la régression typhoïde ; c'est seulement le 28 que la réaction se prononce nettement. Exeat le 8 novembre.

Observation n° XX. — Choléra. — Réaction violente. — Congestion cérébrale.
— Roséole papuleuse. — Guérison.

MARC HENRI, fleuriste, 19 ans, entré le 19 octobre.

Depuis le matin du 17, diarrhée, anorexie. Le 18, diarrhée abondante. Dans la nuit, barre stomacale, puis vomissements. Le 19, dans la journée, crampes, affaiblissement de la voix, suppression des urines.

Entré le soir, mis aussitôt dans un bain d'air chaud, il recouvre la voix et les crampes diminuent. Mais le lendemain matin, 20, les vomissements, la diarrhée blanche, les crampes, reprennent leur intensité. Il y a un peu d'urine fortement albumineuse.

Le 21, retour vers l'algidité, avec aggravation de tous les symptômes cholériques (incontinence des selles). Le 22, agitation, oppression, vomissements verts, rétention d'urine (albumine et indigo). Les jours suivants, menace d'état typhoïde ; le malade dort les yeux ouverts.

Le 25, une éruption d'acné apparaît aux fesses. Le 27, éruption rubéolique confluente sur tout le corps. La face est vultueuse, les pupilles un peu rétrécies ; épistaxis et goût de sang dans la bouche ; tintements d'oreilles. On applique successivement dix sangsues aux apophyses mastoïdes.

Le lendemain, 28, l'éruption est plus intense et papuleuse. On applique encore dix sangsues. Le 29, les symptômes congestifs diminuent et la desquamation furfuracée commence.

L'état s'améliore progressivement, et le malade sort le 19 novembre.

On constate une hypertrophie cardiaque dépendant d'une affection mitrale.

Les observations que j'ai présentées jusqu'ici n'ont guère fourni d'accidents étrangers au choléra sur lesquels j'aie dû insister spécialement. J'ai maintenant à montrer comment dans cette maladie la courbe de la température est subitement modifiée par l'apparition d'un état fébrile indépendant.

J'ai pu, tout d'abord, voir deux phthisiques chez lesquels, après une réaction presque régulière, des symptômes de pneumonie caséeuse se présentèrent autour des cavernes; les crachats reparurent, soit d'abord rouillés et vitreux, soit primitivement opaques, purulents, sanglants, semblables à de la purée de pruneaux cuits. L'un de ces deux malades (nº XXI) est mort au onzième jour de cette pneumonie caséeuse. L'autre (nº XXII) s'est lentement rétabli contre toute attente. Depuis ce temps il est rentré à l'Hôtel-Dieu avec des signes de cavernes non douteuses, très-certainement cicatrisées, car elles ne fournissaient plus d'expectoration ni de bruit de souffle. Ce fut là, du moins, l'opinion de mon maître, M. le Dr Hérard, dont nul ne peut nier la compétence spéciale dans le diagnostic de la phthisie pulmonaire. Or, il est singulier de voir que celle de ce malade ait pu être enrayée malgré le coup de fouet que le choléra lui avait donné.

Observation nº XXI. — Phthisie pulmonaire. — Choléra. — Pneumonie caséeuse. — Mort.

CAZENEUVE FÉLIX, garçon de restaurant, 31 ans, entré le 24 septembre.

Phthisique depuis six mois environ. En traitement depuis trois semaines dans une salle contiguë à celle de nos cholériques.

Le 23, début de diarrhée grisâtre, puis aphonie, vomissements, barre stomacale, crampes.

L'état cholérique est modérément intense, le 24. Les urines sont chargées de sang (cystite à la suite de l'application d'un vésicatoire sur l'épaule, le 22). Le 25 et le 26, même état; ce jour, les crachats reparaissent; ils sont purulents.

Le 27, les urines sont albumineuses. Le 28, elles sont chargées de sels et d'indigo, mais non d'albumine. Les crachats redeviennent abondants et les troubles de la respiration reparaissent, tandis que les symptômes cholériques s'effacent.

Le 5 octobre, les crachats deviennent sanglants ; ils sont de plus en plus abondants. Les signes d'excavation des deux sommets s'accentuent ; le malade épuisé meurt le 8, ayant de nouveau depuis plusieurs heures les mains et la face bleues.

La température baisse sitôt après la mort. (T. R. = 39°4, T. A. = 36°3.)

Observation n° XXII. — Phthisie. — Choléra léger. — Pneumonie caséeuse. — Guérison.

REGOSINO Julien, peintre, 49 ans, entré le 17 octobre.

Tuberculisation pulmonaire contractée pendant le siége de Paris. Deux ou trois coliques de plomb autrefois ; le liseré gingival est très-marqué. Le 15, début brusque de diarrhée, nausées, crampes, aphonie.

Le 17, à ces symptômes qui ont persisté s'ajoute l'incontinence des selles qui sont blanches. Miction le matin.

Facies assez bon ; yeux un peu cernés ; nez froid ; langue un peu froide, blanche, mais non cyanosée ; plis persistants ; soif vive ; barre stomacale ; pas de nausées ; diarrhée blanche ; crampes fortes ; gros crachats nummulaires. Les symptômes intestinaux sont peu intenses ; il y a un peu d'urine sans albumine, mais les crampes sont fortes, et il y a de la contracture des doigts ; les injections de morphine font diminuer ces symptômes.

Après avoir disparu le 18 et le 19, les crachats purulents reparaissent le 20 avec la réaction complète.

Le 21 au soir, prostration, fatigue non explicable par de nouveaux symptômes cholériques.

Le 22, point de côté et crachats pneumoniques rouillés ; à l'auscultation on trouve autour des cavernes des deux sommets des râles crépitants.

Le 23, les crachats deviennent bruns, opaques ; il est évident qu'une pneumonie secondaire se fait autour des cavernes antérieures ; le point de côté persiste, les crachats sont alternativement rouillés et vitreux, ou opaques et de couleur chocolat. Cependant, en même temps que le point de côté, on note un hoquet continuel persistant pendant huit jours.

Le malade est évacué sur une autre salle le 5 novembre, guéri de son choléra, mais avec des symptômes pulmonaires toujours graves.

Le 25 novembre, on trouve à ses deux sommets de vastes cavernes. Il y a de l'œdème des jambes. Cependant, quelques semaines après il sort de l'hôpital ; il rentre plus tard dans le service de M. Hérard avec des symptômes d'emphysème pulmonaire et de bronchite aiguë avec râles sous-crépitants très-gros, du souffle tubaire en avant et au sommet gauche. La bronchite se guérit, la mine revient, l'embonpoint reparaît ; on peut croire, en l'absence de crachats nummulaires, que ses cavernes sont cicatrisées (mars 1874).]

Un de nos malades dont l'observation suit (n° XXIII), entré dans le service pour une diarrhée cholérique légère qui reprit une gravité extrême à la suite d'imprudences, eut un choléra à progression intermittente, tendant enfin vers l'état typhoïde.

Ce malade présenta une série d'accidents fort curieux, tenant évidemment à une stase sanguine vers les centres nerveux, surtout vers le bulbe ; puis tous ces accidents disparurent pendant qu'une pleurésie se développait. Cette pleurésie elle-même resta sèche tout le temps que dura la diarrhée ; enfin, au moment où le mieux était évident (du côté du choléra), la diarrhée ayant cessé subitement, un épanchement purulent se fit dans la plèvre, et le malade mourut rapidement.

Observation n° XXIII. — Arthrite déformante. — Cholérine. — Choléra. — Pleurésie purulente. — Mort.

HAUTEMBERGER Joseph, tisserand, 44 ans, entré le 26 septembre.

Depuis le 23 septembre dans un service de chirurgie de l'hôpital pour une arthrite sèche déformante de l'épaule, s'accompagnant d'arthrite aiguë. Est atteint d'ichthyose.

Le 25, début d'une cholérine sans gravité. Evacué le 28 sur la salle des cholériques convalescents, il se lève et mange outre mesure. Le 30, il est repris d'accidents cholériques graves : diarrhée incoercible, vomissements riziformes, algidité, cyanose ; mains crispées, ridées ; plis de la peau persistants ; barre stomacale ; langue et nez froid ; haleine froide. La réaction se fait d'une façon peu nette, peu persistante.

Le 2, la respiration commence à devenir irrégulière, avec des intermissions quand le malade sommeille ; il passe jusqu'à vingt secondes sans inspirations ; les globes oculaires sont portés convulsivement en haut, et les paupières sont entr'ouvertes dans le sommeil ; les pupilles sont punctiformes, et il semble que le malade ne distingue rien. Plaintes continuelles.

Première miction à peine albumineuse le 4. Il y a toujours des intermissions dans le rhythme respiratoire.

Le 6, apparaissent au coude et à l'avant-bras gauche de petites plaques noires avec phlyctènes. Le malade est dans un état d'hébétude qui ressemble à de la catalepsie, car il laisse ses membres dans quelque position qu'on les ait placés ; il oublie un mouvement commencé volontairement, et s'endort au milieu de ce mouvement. Le 10, la température s'élève, et un hoquet persistant apparait.

Le 11, érythème des joues avec signes de congestion cérébrale (dix sangsues successives derrière les oreilles). Le 12, même état, même prescription. Le 14, toux, matité et râles crépitants, gros en arrière et à gauche (6 ventouses scarifiées).

Le 15, on ne trouve plus comme les jours précédents l'indifférence, l'hébétude, la cyanose des mains, les signes de congestion vers l'encéphale et de stase vers les extrémités ; le malade gai est assis sur son lit ; il y a des crachats bru-

nâtres, épais, visqueux, de gros râles crépitants avec de la submatité ; puis, l'état
général est moins bon le soir. Le 16, le malade est pris de frisson, de dyspnée,
de douleur dans le côté, de refroidissement et de cyanose ; il meurt dans la nuit.

À l'autopsie, on trouve une pleurésie occupant le quart inférieur de la plèvre,
dont le liquide est devenu purulent, sans doute dans les derniers moments.
L'épaule gauche est atteinte d'une arthrite déformante type avec végétations,
arthrophytes, ostéophytes, ossification de tendons et de portions du manchon articulaire.

Parmi les malades qui furent traités dans notre salle, un bon
nombre étaient auparavant bien portants ; ceux-là guérirent en
grande partie ; mais d'autres avaient été pris d'accidents cholériques pendant qu'ils étaient en puissance d'une maladie aiguë
ou chronique ; seize furent atteints du choléra dans les diverses
salles de l'hôpital ; ils moururent tous.

On a pu voir déjà que l'état antérieur de maladie influe sur
l'évolution du choléra et sur l'aspect de la courbe thermique ; les
observations suivantes sont propres à corroborer ce fait. Les
malades des n°s XXIV et XXV, atteints le premier de phthisie, le
second de cancer de l'estomac, sont morts d'accidents typhoïdes
à évolution plus rapide que dans les cas que nous avons étudiés
au début ; leur courbe thermique a présenté une marche irrégulière, ce qu'il faut sans doute attribuer à l'état antérieur de leur
santé et à l'impossibilité où ils étaient de fournir une réaction
nette et franche.

Les observations de ces deux malades ne m'ont semblé présenter d'ailleurs aucun fait digne d'être noté ; aussi je crois
inutile de les donner.

*Observation n° XXIV. — Phthisie. — Fistule anale. — Choléra. — État
typhoïde. — Mort.*

DAGOREAU CHARLES, artiste lyrique, 23 ans, entré le 1ᵉʳ octobre, mort le 6.

*Observation n° XXV. — Cancer de l'estomac. — Choléra. — État
typhoïde. — Mort.*

POUILLET HILAIRE, journalier, 75 ans, entré le 14 septembre, mort le 18.

J'ai déjà cité une observation de choléra survenant dans le cours d'une dothiénenterie grave (obs. IX) et une autre (n° XII) où les symptômes de fièvre typhoïde furent douteux. J'ai encore vu deux malades pris de mal indien dans le milieu d'une fièvre typhoïde (obs. XXVI et XXVII). C'est le lieu de faire remarquer ici que, selon la règle habituelle, l'épidémie de choléra qui sévit à Paris en 1873 fut précédée, à assez grande distance, par une épidémie de fièvre catarrhale (grippe) et que, lorsque le choléra débuta, de nombreuses fièvres typhoïdes existaient dans la ville et les hôpitaux.

Il faut aussi dire, en passant, que pendant toute la durée de l'épidémie, les individus furent excessivement impressionnables à l'action des purgatifs salins, et que cette action fut parfois préjudiciable. Ainsi cinq de nos malades (obs. III, VI, IX, XXIV, XXVI) ont commencé à être atteints d'accidents manifestement cholériques aussitôt après avoir pris du sulfate de magnésie ; tous sont morts. Il est d'ailleurs connu depuis longtemps que pendant une épidémie de choléra il faut éviter soigneusement de provoquer la diarrhée même dans un but thérapeutique. L'influence pernicieuse de l'émétique est analogue.

Quoiqu'il en soit de l'interprétation de ce fait, le dothiénentérique de l'observation n° XXVI fut atteint de choléra après avoir été purgé avec de l'eau de Sedlitz. Sa courbe et celle du suivant (obs. XXVII) ont présenté une marche irrégulière.

Observation n° XXVI. — Dothiénentérie. — Choléra. — Mort.

DUPAYRAT Philippe, maçon, 18 ans, entré le 1er octobre.

En traitement à l'hôpital depuis six jours, le choléra débute après l'administration d'eau de Sedlitz. L'état typhoïde persiste avec de l'hébétude, une diarrhée blanche, abondante, involontaire, des sueurs visqueuses, la bouche entr'ouverte, les paupières non fermées, une respiration à intermissions, enfin un mélange de symptômes de choléra et de fièvre typhoïde adynamique. Mort le 4.

Observation n° XXVII. — Dothiénentérie. — Choléra. — Mort.

ZOPPI Constant, peintre, 27 ans, entré le 1er octobre.

En traitement depuis huit jours dans l'hôpital pour une dothiénentérie qui n'a pas été traitée par les purgatifs.

Entré dans la salle des cholériques avec des signes nets de choléra algide, le facies caractéristique, l'aphonie, les rides de la peau et les sueurs visqueuses, la diarrhée blanche abondante, les crampes. Sans qu'aucune réaction n'ait paru, la diarrhée persiste et devient incoercible, la cyanose s'accentue, la peau est couverte de sueurs gluantes, le pouls ne peut être compté, les yeux restent ouverts, les cornées opaques, il y a du délire, et la mort survient le 5.

Je termine l'énumération de mes observations par quelques-unes que je ne puis rattacher à aucune des catégories précédentes et qui n'en peuvent pas moins présenter pour d'autres observateurs un certain intérêt.

Les malades des n⁰ˢ XXVIII et XXIX sont morts après une période d'algidité primitive fort longue. Le n⁰ XXX a présenté, au contraire, une réaction violente avec phénomènes de congestion encéphalique qui malheureusement n'ont pas été combattues assez rapidement par l'application répétée de sangsues aux apophyses mastoïdes. Enfin le n⁰ XXXI fut pris subitement de coma au début d'une réaction qui paraissait devoir être fort tranquille ; il mourut rapidement dans cet état.

Observation n⁰ XXVIII. — Choléra sans réaction. — Mort.

SAURNBORN Mathias, domestique, 56 ans, entré le 13 octobre, mort le 18, après avoir présenté des symptômes thoraciques (râles sous-crépitants gros, sans souffle dans tout le côté droit, toux, crachats sanglants) coïncidant avec l'abaissement de la température.

Observation n⁰ XXIX. — Choléra sans réaction. — Mort.

WATISSÉ Amédée, employé, 50 ans, entré le 2, mort le 5 octobre.

A l'entrée, la cyanose était considérable, les lèvres bleues, le teint gris et plombé, les mains ridées, la peau sèche et à plis persistants. Les veines étaient cependant encore visibles.

Il ne se fit aucune réaction ; le sphincter anal se relâcha et le malade eut des crampes dans le dos ; il demeura ainsi jusqu'à la mort.

Observation n⁰ XXX. — Choléra. — Congestion cérébrale. — Mort.

THÉBAULT Isidore, rabotteur de parquets, 30 ans, entré le 25 octobre.

Le 23, diarrhée abondante, jaune, liquide, sans coliques.

Le 24, diarrhée blanche, fréquente, qui devient moins abondante dès que commencent les vomissements verts ; par contre, la voix s'affaiblit, des crampes apparaissent et les urines se suppriment ; céphalalgie et sensation de barre.

Entre le matin du 25 en algidité très-prononcée, avec cyanose, yeux creux, soif, vomissements, diarrhée, crampes. Un bain d'air chaud donne un mieux réel et la réaction commence.

Le 26, l'état est bon le matin, mais le soir la face est vultueuse.

Le 27, symptômes non douteux de congestion cérébrale, face vultueuse, yeux brillants, pupilles serrées, langue rouge, collante, pouls petit, respiration haute. Malgré un vésicatoire à la nuque et une forte révulsion sur la poitrine par le moyen de ventouses sèches, l'état reste le même et la mort survient le 28, au matin.

A l'autopsie, on trouve une forte congestion de tout l'encéphale et des méninges, peut-être avec épaississement de ces dernières en divers points (convexité, base, quatrième ventricule) et teinte opaline sans adhérences. Quelques points de la convexité sont œdématiés. Il y a aussi une congestion des poumons, surtout du gauche. Le cœur est gros, en systole, sans lésions valvulaires, le sang en gelée ; psorentérie à la partie inférieure de l'intestin grêle.

Observation n° XXXI. — Choléra. — Mort.

BÉJAUD PIERRE, menuisier, 64 ans, entré le 11 septembre, mort le 14, dans un coma survenu subitement. La température prise une demi-heure après la mort est très-élevée, par rapport à celle du matin. Elle est de : T. R. $= 41°$, T. A. $= 40° 1$.

Arrivé au terme de mon travail, je ne puis pas me dispenser de dire quelques mots des divers traitements que nous avons employés. Je ne sais si quelque lecteur pourra trouver dans l'exposé de nos moyens thérapeutiques le secret du peu de succès que nous avons obtenu. Pour moi, je crois, comme tous ceux qui ont suivi nos malades, que notre pouvoir était bien faible pour modifier la maladie ; la tendance à la réaction était minime et les individus tombaient facilement dans l'état typhoïde, sans que les symptômes du début eussent semblé graves.

Les moyens qui nous ont cependant paru agir le plus favorablement sont les suivants :

1° L'*ipéca* à dose vomitive, répété plusieurs fois, jusqu'à ce que les malades n'aient plus de nausées, nous a toujours paru utile ; il soulage au moins les malades (vomitus vomitu curatur), soit en évacuant des principes toxiques, soit en opérant une substitution sur la muqueuse desquamée. On n'en cessait généralement l'emploi que quand les vomissements étaient devenus d'un vert foncé et que les nausées avaient disparu.

2° Les *bains excitants*, surtout les *bains d'air chaud*, diminuent la sensation de chaleur intérieure et celle de froid périphérique; ils modèrent les évacuations alvines. Nous les donnions dans le lit, pendant dix minutes, deux fois le jour; souvent les malades s'endormaient ensuite au milieu d'une légère moiteur. L'ordre était donné une fois pour toutes de mettre tous les cholériques indistinctement dans le bain, dès leur entrée, et, aussitôt après, de leur donner l'ipéca, en attendant notre prochaine visite.

(Les *bains sinapisés* et l'enveloppement dans le *drap mouillé* ne nous ont pas été avantageux.)

3° Après avoir essayé en vain pendant quelque temps de faire absorber des *boissons chaudes, alcooliques et excitantes* (thé au rhum, infusion de menthe, etc.), nous y avons renoncé, parce qu'elles provoquaient les vomissements sans soulager les malades, et nous leur avons substitué rapidement les *boissons glacées*. Celles qui nous ont le mieux réussi sont : la *glace pilée*, l'*eau de menthe glacée*, puis *le café glacé* dans la période de coma ou de tendance à l'état typhoïde.

4° Nous avons obtenu d'excellents résultats des *potions opiacées* dans la période de diarrhée muqueuse du début; mais nous ne les avons point employées ensuite, si ce n'est avec de grandes précautions, pour modérer la diarrhée bilieuse dans la période de réparation.

5° Nous avons été satisfaits de l'emploi des *injections sous-cutanées de morphine*, pour combattre les crampes; celles-ci ont été toujours atténuées, souvent arrêtées par ce moyen. Contre les crampes nous avons usé, d'ailleurs sans grand succès, des *frictions diverses, sèches, ammoniacales, excitantes, alcooliques, etc.*

6° Dans le cas de torpeur, de coma, nous avons essayé, mais trop tard pour pouvoir en connaître la valeur réelle, les *injections hypodermiques excitantes;* nous avons commencé par l'*alcool pur*, puis nous avons administré de l'*éther*. Nous injections matin et soir deux, trois, quatre, cinq fois, plein la seringue de Pravaz (modèle de poche). Ce moyen qui réveille un peu les malades, est certainement digne d'être essayé dans le choléra ou dans la dothiénentérie à forme adynamique.

7° Les *vésicatoires* sur l'épigastre nous ont toujours paru modérer la douleur stomacale et les vomissements, mais nous les avons vus deux fois provoquer des hématuries.

8° L'application de *sangsues* nous a complétement réussi dans un cas (n° XX) contre les accidents de congestion encéphalique. Il était évident, après chaque saignée locale, que le malade allait mieux. Dix sangsues étaient posées successivement aux apophyses mastoïdes.

9° *Les lavements simples ou huileux* nous ont semblé assez bons dans le cas de constipation pour débarrasser l'intestin malade de matières excrémentitielles, nuisibles par leur contact. Dans le cas où ils étaient insuffisants, nous avons eu plusieurs fois recours, vers la fin de la maladie, après une réaction franche et datant de plusieurs jours, à l'emploi d'un léger purgatif salin, mais seulement quand nous ne pouvions obtenir de selles autrement. Il n'y a pas eu d'ailleurs d'accidents.

Tels sont les moyens qui nous ont paru préférables. Voici maintenant ceux qui nous ont mal réussi. Nous n'avons essayé qu'une fois l'*injection intra-veineuse* (de liquide ascitique). Notre malade n'a éprouvé aucune amélioration. Je crois, pour ma part, cette thérapeutique très-rationnelle et les quelques faits de guérison obtenus par elle sont concluants; mais elle est d'un emploi très-difficile, même à l'hôpital.

Enfin je dois dire que quand par malheur médecins ou gens de service, cédant au désir mille fois répété des malades, leur ont accordé prématurément, même en lavement, des liquides alimentaires, un peu de bouillon et surtout du vin rouge, les accidents les plus graves ont reparu aussitôt. Je crois donc que, dans la période de réaction, leur proscription doit être rigoureuse, absolue, et que, si l'on veut soutenir son malade, en attendant que l'épithélium intestinal ait repoussé, le mieux est de lui donner du *café ;* il ne faut ensuite lui administrer le *bouil lon* que *glacé, à doses petites et fractionnées. Le vin blanc glacé* est aussi bien mieux supporté que le rouge.

J'aurais de la peine à poser des conclusions nettes et absolues ; ce que j'ai donné, c'est une série de faits dont la valeur est souvent individuelle. Ceux-là seuls me semblent avoir une valeur collective qui se rapportent au choléra typhoïde. Je ne veux pas répéter ici ce que j'ai dit à leur propos dans le courant du mémoire, et me borne à y renvoyer.

Toutefois, je crois avoir présenté une collection de faits qui concourent à prouver quelle est l'importance pronostique de la détermination de la chaleur rectale et même axillaire du cholérique. Elle est, sur l'état général du malade, une source précieuse de renseignements excellents qui, s'ils ne sont pas indispensables pour diriger la thérapeutique (ce qui ne m'est pas démontré), sont au moins incontestablement utiles pour asseoir un pronostic raisonné. C'est là ce qui justifie l'épigraphe empruntée à Hippocrate, que j'ai placée en tête de ce mémoire et que je me plais à reproduire ici : « *Prévoyant et pronostiquant ceux qui doivent guérir et ceux qui doivent mourir, il sera exempt de reproches.* »

Note. — Dans nos courbes thermométriques, le tracé au trait pointillé représente la température rectale, et le tracé au trait plein, la température axillaire. Le point contenu dans la première case, indique la température prise à la visite du matin (de 8 à 10 heures) ; le point contenu dans la seconde case, la température à une visite faite entre 3 et 4 heures ; enfin, le point à cheval sur la ligne de nuit, correspond à une visite faite vers 9 heures du soir.

Angers, imp. E. Barassé.

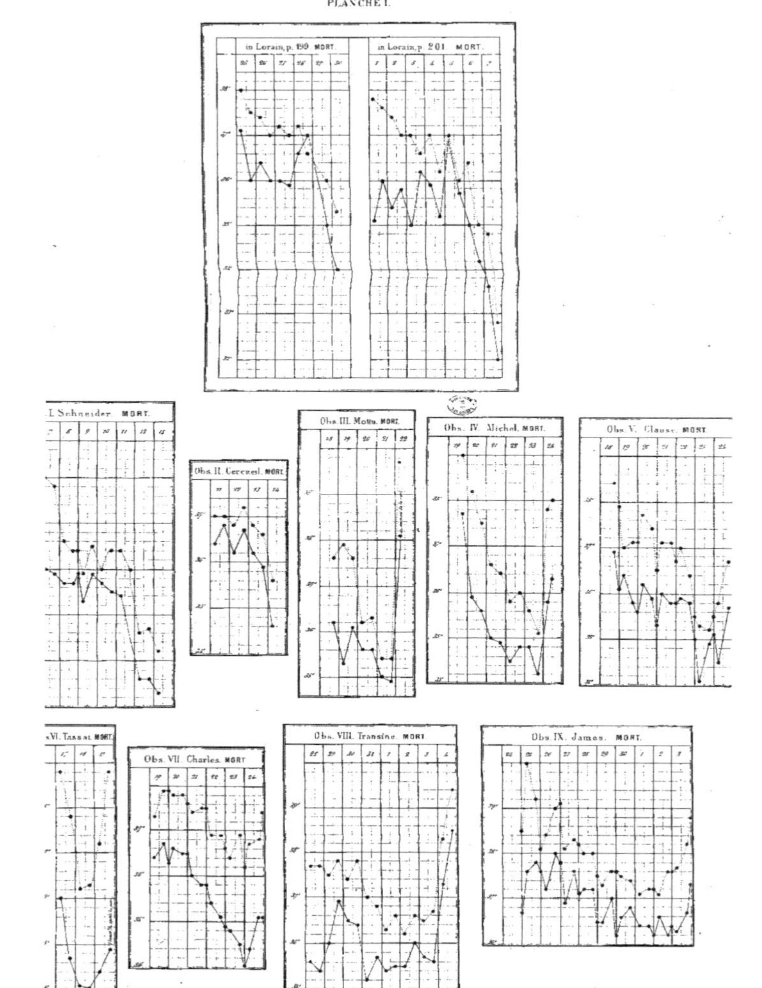

PLANCHE I.
in Lorain, p. 159 MORT.
in Lorain, p. 201 MORT.
I. Schneider. MORT.
Obs. II. Cerceuil. MORT.
Obs. III. Motu. MORT.
Obs. IV. Michel. MORT.
Obs. V. Clauss. MORT.
VI. Tissot. MORT.
Obs. VII. Charles. MORT.
Obs. VIII. Transine. MORT.
Obs. IX. James. MORT.

PLANCHE II

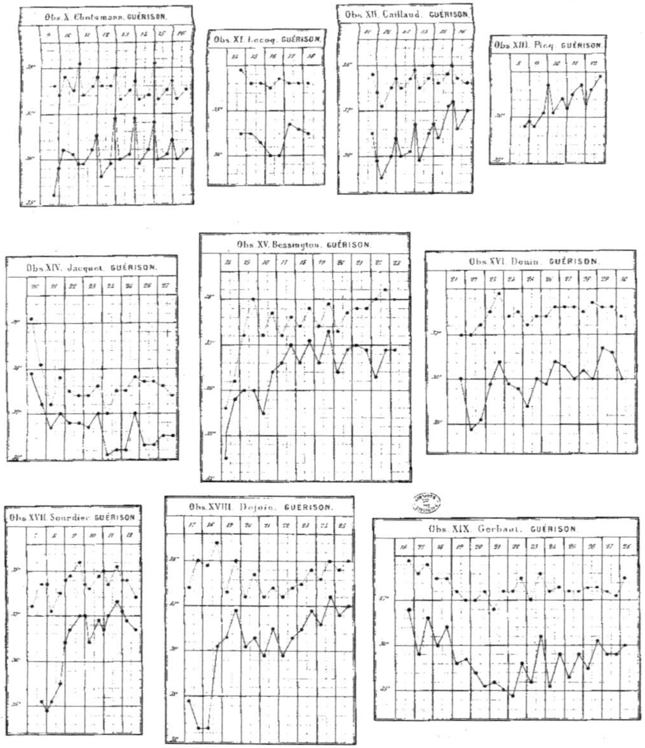

Obs. X. Chotsmann. GUÉRISON.

Obs. XI. Lecoq. GUÉRISON.

Obs. XII. Caillaud. GUÉRISON.

Obs. XIII. Picq. GUÉRISON.

Obs. XIV. Jacquet. GUÉRISON.

Obs. XV. Bessington. GUÉRISON.

Obs. XVI. Douin. GUÉRISON.

Obs. XVII. Sourdier. GUÉRISON.

Obs. XVIII. Dejoie. GUÉRISON.

Obs. XIX. Gerbaut. GUÉRISON.

PLANCHE III.

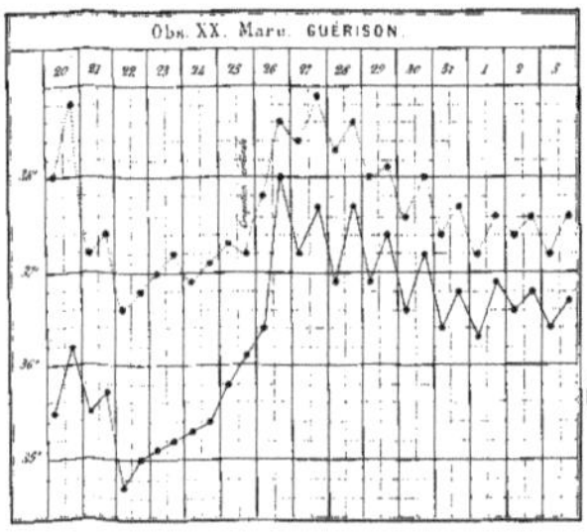

Obs. XX. Maru. GUÉRISON.

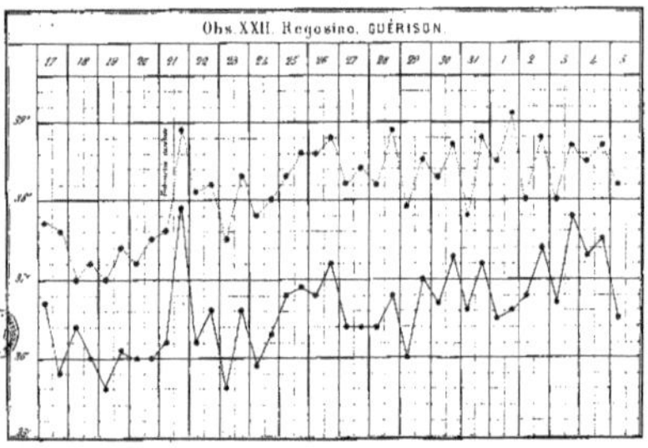

Obs. XXII. Regosino. GUÉRISON.

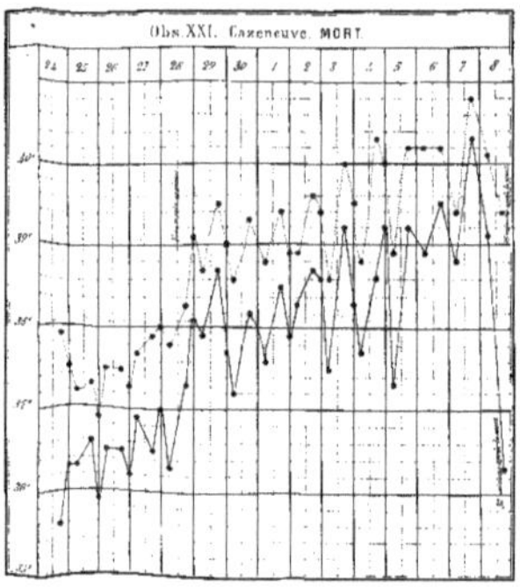

Obs. XXI. Cazeneuve. MORT.

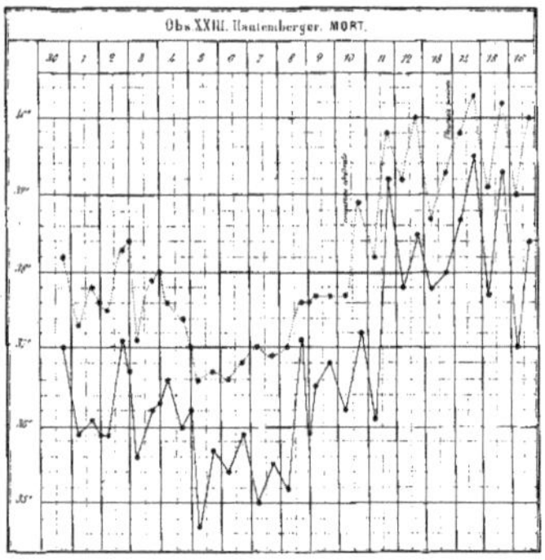

Obs. XXIII. Hautemberger. MORT.

PLANCHE IV.

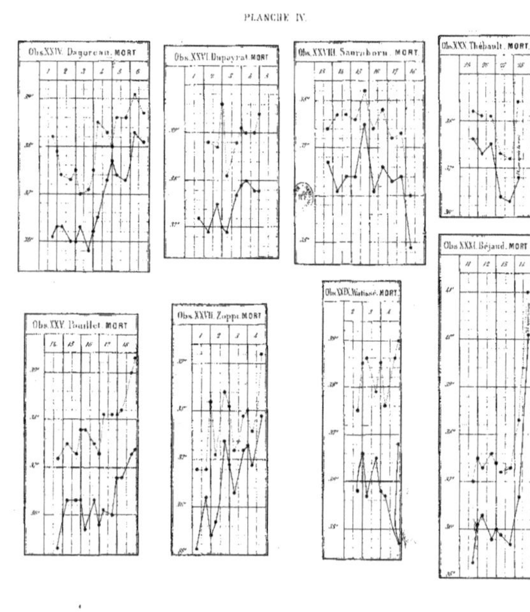

Obs. XXIV. Dagoreau. MORT
Obs. XXVI. Dupayrat. MORT
Obs. XXVIII. Saurabaru. MORT
Obs. XXX. Thébault. MORT
Obs. XXXI. Béjaud. MORT
Obs. XXV. Bouilliet. MORT
Obs. XXVII. Zoppi. MORT
Obs. XXIX. Mathieu. MORT